普化寺 · 天后宫

吴晓东　王　丹　李皓男　著

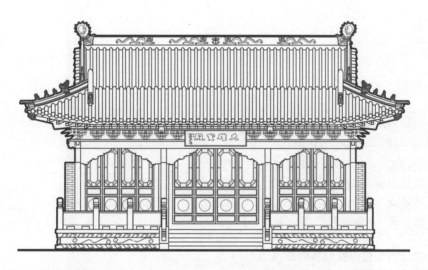

中国建筑既是延续了两千余年的一种工程技术，本身已造成一个艺术系统，许多建筑物便是我们文化的表现、艺术的大宗遗产。

—— 梁思成

U0222093

江苏凤凰科学技术出版社

图书在版编目（CIP）数据

大连古建筑测绘十书. 普化寺·天后宫 / 王丹主编；
吴晓东，王丹，李皓男著. -- 南京：江苏凤凰科学技术
出版社，2016.5
　ISBN 978-7-5537-6237-1

　Ⅰ. ①大… Ⅱ. ①王… ②吴… ③李… Ⅲ. ①寺庙-
古建筑-建筑测量-大连市-图集 Ⅳ. ①TU198-64

　中国版本图书馆CIP数据核字(2016)第058357号

大连古建筑测绘十书

普化寺·天后宫

著　　　者	吴晓东　王　丹　李皓男
项 目 策 划	凤凰空间/郑亚男　张　群
责 任 编 辑	刘屹立
特 约 编 辑	张　群　李皓男　周　舟　丁　兴

出 版 发 行	凤凰出版传媒股份有限公司
	江苏凤凰科学技术出版社
出版社地址	南京市湖南路1号A楼，邮编：210009
出版社网址	http://www.pspress.cn
总 经 销	天津凤凰空间文化传媒有限公司
总经销网址	http://www.ifengspace.cn
经 　 销	全国新华书店
印 　 刷	北京盛通印刷股份有限公司

开 　 本	965 mm×1270 mm 1／16
印 　 张	5.5
字 　 数	44 000
版 　 次	2016年5月第1版
印 　 次	2023年3月第2次印刷

标 准 书 号	ISBN 978-7-5537-6237-1
定 　 价	98.80元

图书如有印装质量问题，可随时向销售部调换（电话：022-87893668）。

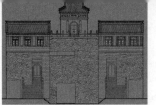

图书总序

我在大连理工大学建筑与艺术学院兼职数年，看到建筑系一群年轻教师在胡文荟教授的带领下，对中国传统建筑文化研究热情高涨，奋力前行，很是令人感动。去年，我欣喜地看到了他们研究团队对辽南古建筑研究的成果，深感欣慰的同时，觉得很有必要向大家介绍一下他们的工作并谈一下我的看法。

这套丛书通过对辽南10余处古建筑的测绘、分析与解读，从一个侧面传达了我国不同地域传统建筑文化的传承与演进的独有的特色，以及我国传统文化在建筑中的体现与价值。

中国古代建筑具有悠久的历史传统和光辉的成就，无论是在庙宇、宫室、民居建筑及园林，还是在建筑空间、艺术处理与材料结构的等方面，都对人类有着卓越的创造与贡献，形成了有别于西方建筑的特殊风貌，在人类建筑史上占有重要的地位。

自近代以来，中国文化开始了艰难的转变过程。从传统社会向现代社会的转变，也是首先从文化的转变开始的。如果说中国传统文化的历史脉络和演变轨迹较为清晰的话，那么，近代以来的转变就似乎显得非常复杂。在近代以前，中国和西方的城市及建筑无疑遵循着不同的发展道路，不仅形成了各自的文化制式，而且也形成了各自的城市和建筑风格。

近代以来，随着西方列强的侵入以及建筑文化的深入影响，开始对中国产生日益强大的影响。长期以来，认为西方城市建筑是正统历史传统，东方建筑是非正统历史传统这一"西方中心说"的观点存在于世界建筑史研究领域中。在弗莱彻尔的《比较建筑史》上印有一幅插图——"建筑之树"，罗马、希腊、罗蔓式是树的中心主干，欧美一些国家哥特式建筑、文艺复兴建筑和近代建筑是上端的6根主分枝。而摆在下面一些纤弱的幼枝是印度、墨西哥、埃及、亚述及中国等，极为形象地表达了作者的建筑"西方中心说"思想。今天，建筑文化的特质与地域性越发引起人们的重视。中国的城市与建筑无论古代还是近代与当代，都被认为是在特定的环境空间中产生的文化现象，其复杂性、丰富性以及特殊意义和价值已经令所有研究者无法回避了。

在理论层面上开拓一条中国建筑的发展之路就是对中国传统建筑文化的研究。

建筑文化应该是批判与实践并重的，因为它不局限于解释各种建筑文化现象，而是要为建筑文化的发展提供价值导向。要提供价值选向，先要做出正确的价值评判，所以必须树立一种正确的价值观。这套丛书也是在此方面做出了相当的努力。当然得承认，传统文化可能是也一柄多刃剑。一方面，传统文化也可能成为一副沉重的十字架，限制我们的创造潜能；而另一面，任何传统文化都受历史的局限，都可能是糟粕与精华并存，即便是精华，也往往离不开具体的时空条件。与此同时又可以成为智慧的源泉，一座丰富的宝库，它扩大我们的思维，激发我们的想象。

中国传统文化博大精深，建筑文化更是同样。这套书的核心在如下三个方面论述：具体层面的，传统建筑中古典美的斗拱、屋顶、柱廊的造型特征，书画、诗文与工艺结合的装修形式，以及装饰纹样、各式门窗菱格，等等。宏观层面的，"天人合一"的自然观和注重环境效应的"风水相地"思想，阴阳对立、有无互动的哲学思维和"身、心、气"合一的养生观，等等。这期中蕴含着丰富的内涵、深邃的哲理和智慧。中观层面的，庭院式布局的空间韵律，自然与建筑互补的场所感，诗情画意、充满人文精神的造园艺术，形、数、画、方位的表象

与隐喻的象征手法。当然不论是哪个层面的研究，传统对现代的价值还需要我们在新建筑的创作中去发掘，去感知。

2007 年以来，这套丛书的作者们先后对位于大连市的城山山城、巍霸山城、卑沙山城附近范围的 10 余处古建进行了建筑测绘和研究工作，而后汇集成书。这套大连古建筑丛书主要以照片、测绘图纸、建筑画和文字为主，并辅以视频光盘，首批先介绍大连地区的 10 余处古建，让大家在为数不多的辽南古建筑中感受到不同的特色与韵味。

希望他们的工作能给中国的古建筑研究添砖加瓦，对中国传统建筑文化的发展有所裨益。

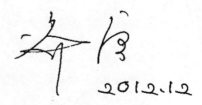

2012.12

前　言

迷蒙的青堆。

悠悠青堆，历经千年，静静地融在满目明清的老街上，让阳光从容地走过自己的额头，走过自己的心境，走过季节的辙印，走过一望无垠的空蒙。

普化寺·天后宫依山傍海，气势雄伟，庄严肃穆，飞檐斗拱，雕梁画栋，蔚为壮观。

人们总是喜欢按自己的愿望和理想，来塑造一个个神祇，并形成一股强大的精神力量。于是有了妈祖，这流传于中国东南沿海地区的汉族民间信仰。作为一个汉族民间的渔家女，妈祖善良正直，见义勇为，扶贫济困，解救危难，造福民众，保护商船平安航行，凡此种种功德无量的事情，才会深受百姓的崇敬。

漫步古镇，物华天宝，在晨钟暮鼓中洗涤灵魂，在莺歌燕舞中感悟生活。云，在季风里流浪，将停不住的脚印，遗落天涯。花，在秋雨里飘零，将挽不住的馨香，入土为泥。

没有对月小酌，没有把酒临风，没有语言的碰撞，没有醉眼蒙眬，在自己的天空中寻到了一方晴朗，比世间的一切事情都令人心动，"此时无声胜有声"的意蕴弥漫其间。

派一种意念去与大地来往，遣一种恬淡去与流云交融，带一种静默去与小草对话，携一种温馨去与自然共觅神性。清清洒洒坦坦诚诚，有如此的默契并非是自作多情，而是在博大而宽泛的领悟中，获取了一分不可多得的空灵。

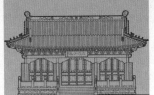

目 录

先有青堆子后有庄河

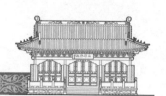

普化寺又名天后宫，坐落于大连市庄河青堆子镇老街（图1）南端，傍海而建，南距黄海仅1公里，飞檐翘角，雕梁画栋，气势雄伟。

青堆子镇是大连地区著名的古镇，早在唐代就有渔船和商船在此停泊，并修建了庙宇。到了清乾隆年间，青堆子已发展成为有一定规模的商业、渔业港口，相当繁荣，所以当地流传有"先有青堆子，后有庄河"的说法。镇上有多条老街，至今仍留存很多清末民初老建筑，有普化寺、天后宫、玉皇殿、城隍庙、火神庙等庙宇及清真寺，其规模、数量、完整程度在辽南地区较为少见，是目前大连地区保存最完整的清代末年历史街区之一，虽经百年风霜雨雪，但仍然留有往昔繁荣的痕迹。天后宫大雄宝殿前的石像（图2）的雄伟更是记忆犹新。

庄河市位于辽东半岛东侧南部，大连东北部，东近丹东与东港市接壤，西以碧流河与普兰店市为邻，北依群山与营口市的盖州、鞍山市的岫岩满族自治县相连，南濒黄海与长海县隔海相望。庄河濒临黄海北岸，海岸线绵延曲折。庄河地区背山面海，气候属于暖温带湿润大陆性季风气候，具有一定的海洋性气候特征，气候温和，四季分明，是理想的避暑胜地。

图1 从天后宫后院菜园眺望青堆子镇老街

图 2 天后宫大雄宝殿前石狮

相传始建于唐的普化寺

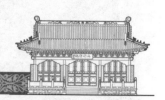

庄河市在清初之前称"红崖子"。"红崖子"之名，来自于城北五里许天释山南面一带的土岗。此岗呈赤色，旭日东升之时，远远望去宛若笼罩在一片丹霞之中，故称此岗为"红崖子"。庄河之名，始于清末，庄河水流经此地，因以名之。清光绪三十二年（1906年）置庄河厅，设了庄河厅抚民同知；民国二年（1913年）改庄河厅为庄河县；1992年，改设庄河市。

青堆子镇有着悠久的历史，传说唐太宗派薛仁贵征东时，士兵在此登陆。因为登陆处有一个小坨子，士兵管它叫"堆子"，立碑于其上，碑上刻"青堆子"三字，作为标记，以便凯旋时再从这里乘船回家。从那以后，人们就把这里叫作青堆子。所以当地流传有"先有青堆子，后有庄河"的说法。据《庄河县志》记载："唐代，有僧人在此结庐作庵，人烟渐集而成村落。明晚期，发展成为滨海商业小镇……清乾隆二年（1737年），已成为初具规模的港口集镇。"清嘉庆年间，商业愈发繁荣起来。光绪三十二年（1906年）庄河建厅时，青堆子设商业特别区，已经有居民约400户、3500人。后来，港口渐渐淤塞，青堆子也随之衰败，如今已经看不到昔日的繁华。

普化寺相传始建于唐代，年代久远，已无籍可考。据《庄河县志》中收录的一块清咸丰三年的"青口普化寺重修碑"碑文记载，普化寺始建于元至正三年，初名普善寺，重修后才更名为普化寺，后清乾隆二十六年、道光三十年、咸丰二年均有重修，这是目前对普化寺有较详细记载的文献资料。关于天后宫，据《庄河县志》记载："清乾隆八年（1744年）当地商船海上遇难得救，故建庙于此。"又据天后宫院内保存完好的民国十年重修碑碑文所载："乾隆八年而海运无阻，商业发达，多蒙圣母默护之力……修天后宫，"后因"工程简陋，历年既久，风侵雨蚀，""而各商户引为公耻毅然复兴倾囊集款于同治年间重整而增修之。"由文献记载可知，先有普化寺，后有天后宫，二者始建年代相差400多年。

1947年庙中既无香火，也无僧人。解放初年，原天后宫曾作为教室供学生读书。"文革"时期，群庙悉遭破坏，除天后宫尚有轮廓可辨之外，其余庙宇荡然无存，庙宇旧址改为民居。20世纪80年代起，政府展开修复工作，天后宫重修扩大规模后，基本与普化寺原址连在一起，天后宫的比丘有意扩大规模，将二者合为一，并使用创建年代最早的普化寺冠名，所以将天后宫对外更名普化寺，原天后宫内部仍按旧称。1993年原天后宫被列为市级文物保护单位，2002年被列为大连市第一批重点保护建筑。

普化寺现有50岁以上的比丘5人，他们是释传性、释传广、释传正、释传净、释传法；40岁以下的比丘4人，他们是释宣议、释宣、释宣德、释宜和。现任中国佛教协会会长的释传印法师，1947年在普化寺剃度出家，师从崇仁法师，研习佛学。

天后宫的建立伴随着青堆子古镇的渔业和滨海商业的繁荣，后来港口废弛，商业衰落，佛寺兴起，天后宫也就逐渐荒弃了。即便如此，"天后宫"已经成为当地人的一段历史记忆。虽然，在它的旧址上修建了普化寺，但人们仍然习惯称其天后宫。天后宫天王殿的旧照（图3）和大雄宝殿（图4）更是让人感到天后宫的雄伟壮阔，让今人感叹沧海桑田带来的变迁。

图3 天后宫天王殿旧照片

给海神娘娘送海灯

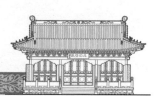

妈祖是我国著名的海神，妈祖信仰起源于宋代的福建莆田沿海地区。妈祖原名林默，是当地一个为救助海难而献身的未婚女子，相传于北宋建隆元年（960年）出生于莆田海滨，卒于北宋雍熙四年（987年）。

林氏女生前好行善济世，常在湄州海面，凭着她一身好水性，在乘船渡波上多次救护遇难渔民与商人。死后人们对她怀念感戴，继而立祠祭祀，从此开始了对妈祖的信仰。妈祖在历朝历代拥有很多封号，比如天妃、天后等，还有很多别名，如林氏女、神女、默娘、娘妈、婆祖、灵女、林夫人、天上圣母等，在大连地区，多称之为"海神娘娘"。

妈祖信仰从产生至今经历了近千年。作为民间信仰，它延续之久，传播之广，影响之深，都是其他民间崇拜所未曾有过的。它虽几经起落，但至今在全国各地特别是沿海地区十分风行。

大连的妈祖信仰和祭典活动分别源自福建和山东。历史上大连曾有多座天后宫，但大多数妈祖庙已经消失在历史的年轮里，只有青堆子天后宫，经历百年风雨洗礼，还依然完好如初地被保留了下来。

对大连地区渔民来说，每年的正月十三是个特别的日子，其重要程度不亚于春节，因为相传这一天是海神娘娘的生日。大连地区三面环海，海岸线漫长，东南沿海地区的海商往来频繁，带来了妈祖信仰，并且广为流传，崇拜有加。对妈祖的信仰，深深地融入了大连地区人们的渔业生产和日常生活中。目前，已有庄河、长海、旅顺"放海灯"活动作为大连市级非物质文化遗产保护项目，并已向辽宁省申报保护。

正月十三，凡是大连沿海渔民，皆从四面八方赶回来，参加放海灯。放海灯的时辰通常选在日落西山天色将晚的时候，家家户户会倾巢而出，不约而同地抬出海灯和祭品，放鞭炮、烧香烧纸，拜祭海神娘娘和海难亲人，祭拜地点位于天后宫大雄宝殿（图4）、西方三圣殿（图5）、圆通宝殿（图6）前广场。然后把海灯送入大海，祈求一帆风顺幸福平安。除了原有的祈福仪式，又增添了扭秧歌、放烟火等活动，把祭祀祈福活动和节日的娱乐活动融为一体。

所谓"海灯"就是渔民以户为单位扎制的船形灯笼，可以漂浮在海面上。传统海灯用木板、荆条、秸秆，现在也有用泡沫板的，扎制成船形骨架，安上船楼、船舵、桅杆，用五彩纸糊船体，描画和剪刻图案加以装饰，然后再放上蜡烛。

选在正月十三给海神娘娘送海灯，可能有以下几个原因：祭奠死于海难的亲人；祈求海神娘娘护佑；大连地区在正月十三时处于农闲、渔闲时期，这一时期常常有较多民俗活动；流传于大连沿海各地的海神娘娘传说，在民间正月十三被认为是海神娘娘生日。据说，大连地区正月十三放海灯的习俗可以追溯到明代。放海灯的习俗现在已演变成"海灯节"，成为大连地区重要的民俗文化活动。

数百年来大连地区形成了自己的妈祖文化，既有南方传统的声势浩大的特点，又有大连本土祈祷、祭神的民俗特色。妈祖信仰已经成为大连独特的民俗，是大连传统文化的一个重要组成部分。

图 4 天后宫大雄宝殿

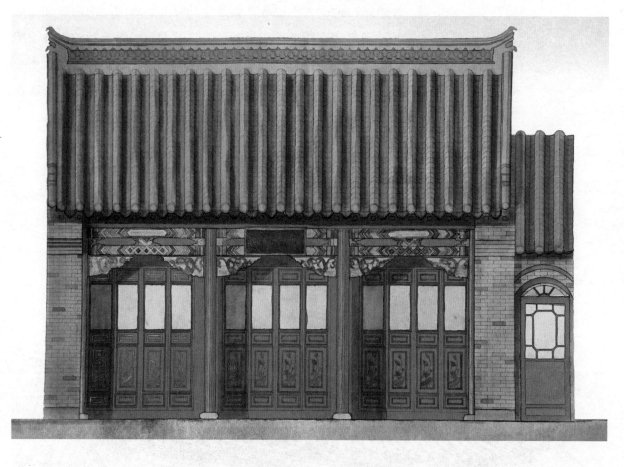

图 5 天后宫西方三圣殿南立面渲染图

图 6 天后宫圆通宝殿南立面渲染图

北方传统的四合院布局

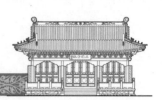

普化寺是一座清代古庙，在庙的殿宇四周有2米多高花岗岩与砖砌围墙。整个古庙分上、中、下院，阶梯形布局。上院有一个正殿，为三大间，还有两个偏殿，各三小间，均为前出单廊檐、硬山式建筑。殿门前各有两根红漆廊柱，院中间竖一香炉。中院与两边围墙间距相等，其形式与上院一样，也是前出单廊檐、硬山式建筑。中院与上院之间偏东处有一块石碑，为民国十年（1921年）立。下院建有门楼一栋，平时楼门紧闭，行人只走西便门。普化寺的山门匾额和大雄宝殿的匾额均为赵朴初先生所题。庙内还藏有《大藏经》百卷、《律藏经》五卷。

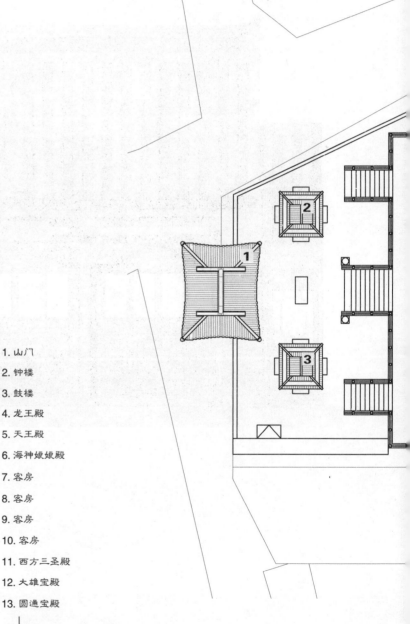

1. 山门

2. 钟楼

3. 鼓楼

4. 龙王殿

5. 天王殿

6. 海神娘娘殿

7. 客房

8. 客房

9. 客房

10. 客房

11. 西方三圣殿

12. 大雄宝殿

13. 圆通宝殿

普化寺建筑群采用的是北方传统的四合院围合式布局（图7），但又不同于典型的四合院围合。有些资料描述普化寺有上、中、下三个院落，从实际的围合来看是前后两进院子，只不过在第二进院子里面有一个近1米的高差。前院更多表现为山门和围墙的围合关系；后院为主体，是一个四面建筑围合的庙宇式布局。

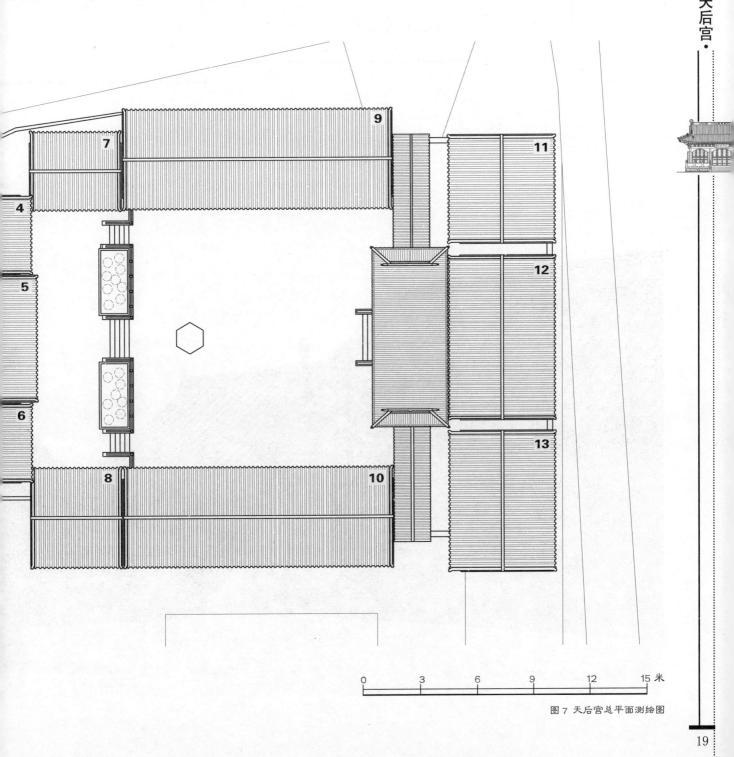

| 0 | 3 | 6 | 9 | 12 | 15 米 |

图 7 天后宫总平面测绘图

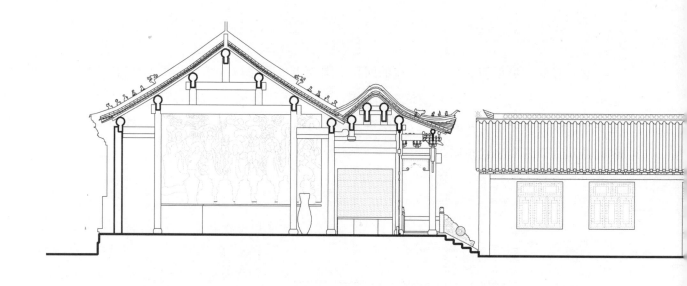

普化寺建于青堆子主街东侧的一较高台地上，寺内建筑依地势而建，前后院有较大高差。由于交通上的限制，位于寺院南面的山门通常不开，只有举行庙会或其他大型宗教活动时才开，平时香客僧尼由西侧门进出。进入前院，可见院中一座铜香炉，香炉两侧为后建的钟鼓楼，院内台基上并排建有三座大殿，正中为天王殿，左侧为海神娘娘殿，右侧为龙王殿。天后宫场地剖面测绘图、实景图、艺术创作图见图8～图20。

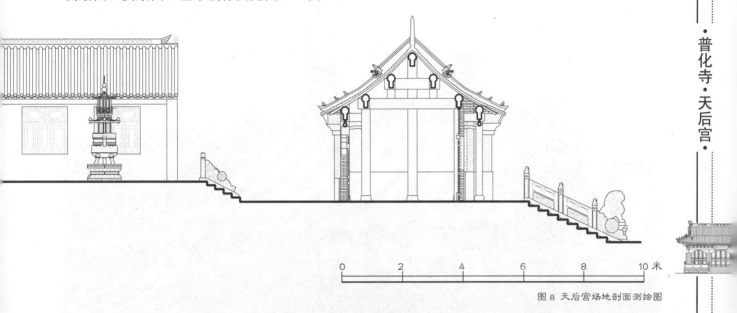

0   2   4   6   8   10 米

图 8 天后宫场地剖面测绘图

图 9 从天后宫大雄宝殿前眺望天王殿

图 10 天后宫西便门实景

图 11 天后宫大雄宝殿前石狮艺术创作

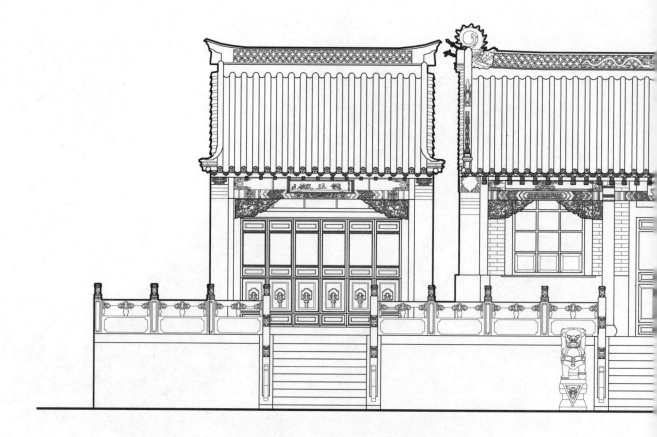

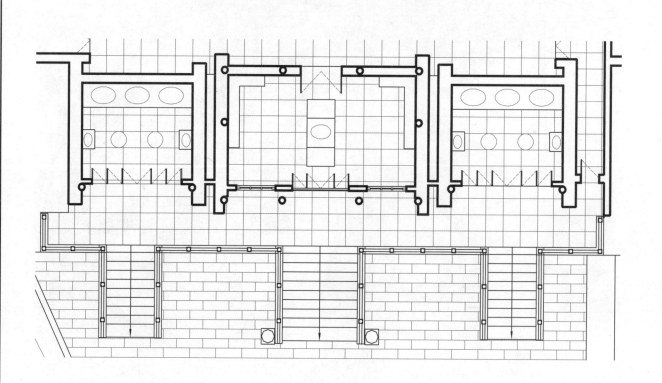

0 1 2 3 4 5米

图13 天后宫龙王殿、天王殿、海神娘娘殿平面测绘图

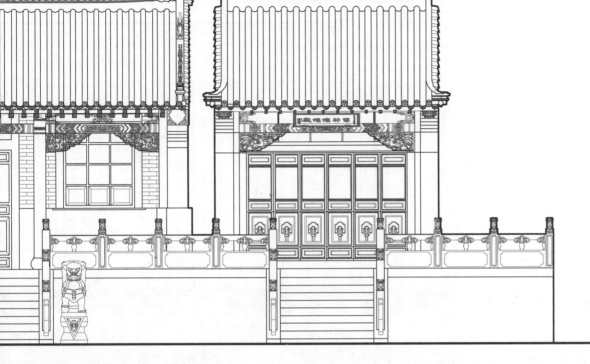

0　　1　　2　　3　　4　　5 米

图 12　天后宫龙王殿、天王殿、海神娘娘殿南立面测绘图

图 14　从天后宫海神娘娘殿看向龙王殿

图 15 天后宫天王殿南立面测绘图

0   0.5   1   1.5   2   2.5 米

0   0.5   1   1.5   2   2.5 米

图 16 天后宫天王殿北立面测绘图

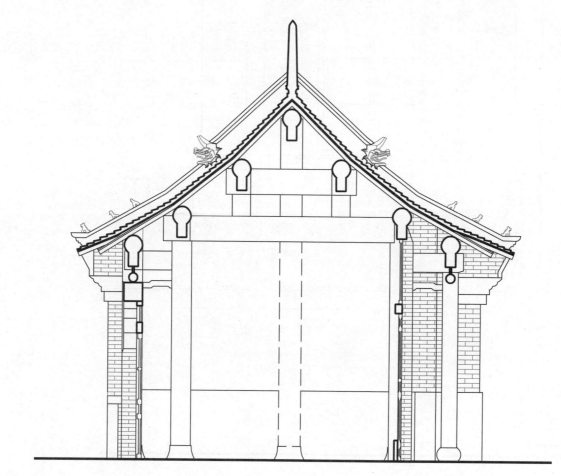

0   0.5   1   1.5   2   2.5 米

图 17 天后宫天王殿剖面测绘图

图 18 天后宫大雄宝殿连廊艺术创作

0   0.5   1   1.5   2   2.5 米

图 19 天后宫龙王殿正立面测绘图

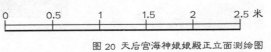

图 20 天后宫海神娘娘殿正立面测绘图

0   0.5   1   1.5   2   2.5 米

三殿各前出十级垂带式石阶。普化寺修复重建的建筑以两坡顶的硬山顶为主，随各部分体量大小变化，形成高低、宽窄和朝向上的区别。三座大殿并列在一起，中间适当留点儿缝隙，这是辽南寺庙的典型做法，增强了整体的庄重感。

由西侧角门进入后院，院落大部分处于平台之上，地面铺装花岗岩方砖。院中建有三座五级垂带式石阶，石阶间有栏板栏杆相连，正中的石阶右侧为一民国十年所立的天后宫重修碑（图21），保存十分完好。花岗岩方砖、石阶、栏杆、须弥座均为普化寺重修时添置，使后院中心形成一个较为开阔的广场，寺院的空间感得到了加强，整体气势也比原来有所提升，同时便于举行大型的宗教活动。但相对于从前手工制成的方砖、栏杆，机器打磨雕刻石制构件，使整个寺院缺少了几分古朴之感。此外，在铺装花岗岩以前，院中曾有一棵树龄至少百年的大树，枝叶繁茂，树冠巨大，几乎覆盖半个院落，后来寺内重修时为了扩大院落空间，将其移除了，使寺院失去了原本的清幽灵秀。从天后宫前院眺望天王殿见图22，天后宫前院眺望龙王殿见图23，天后宫前院眺望海神娘娘殿见图24，天后宫龙王殿门匾测绘见图25，天后宫海神娘娘殿门匾测绘见图26。

图21 天后宫后院广场天后宫重修碑

图22 天后宫前院眺望天王殿

图 23 从天后宫前院眺望龙王殿

图 24 从天后宫前院眺望海神娘娘殿

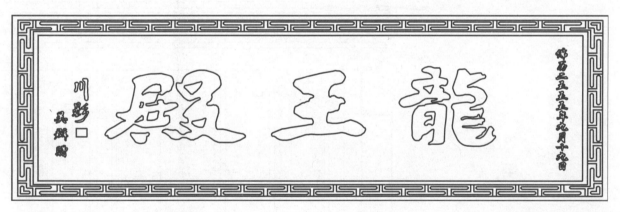

图 25 天后宫龙王殿门匾测绘图

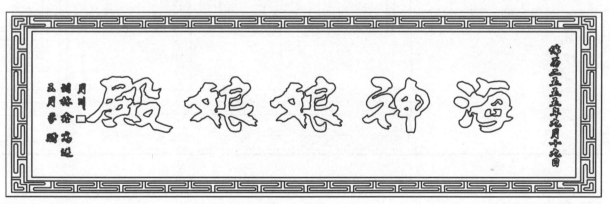

图 26 天后宫海神娘娘殿门匾测绘图

后院院落正中须弥座之上为一大铁香炉，正对香炉正北为普化寺的主殿——大雄宝殿（图27～图32），主殿左侧为西方三圣殿，右侧为圆通宝殿。两座偏殿前各有一座卷棚顶的廊，导致它与传统的院落那种对位关系不是很明确，但整个木作的部分比较精致。香炉两侧的屋舍为女尼的起居之所，包括斋房、厨房等。天后宫西方三圣殿和圆通宝殿平面测绘图、实景照片见图33～图43。

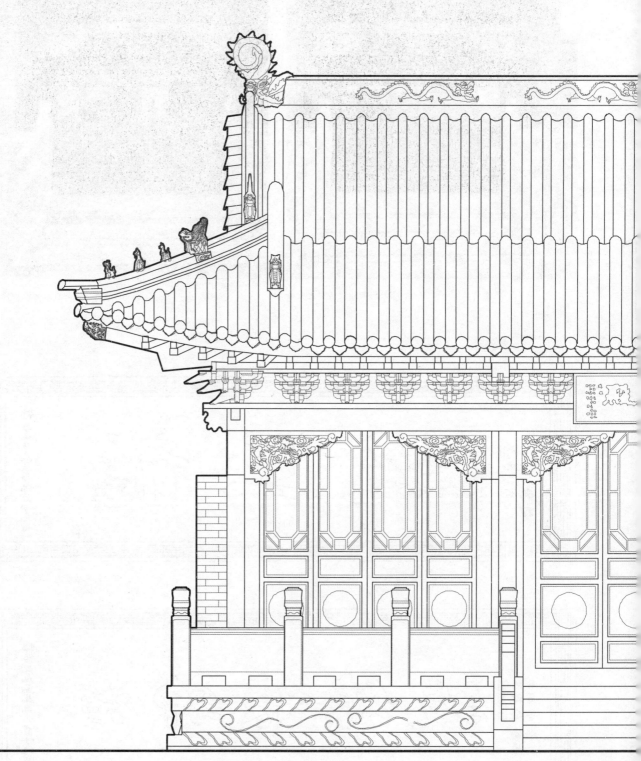

图 27 天后宫大雄宝殿南立面测绘图

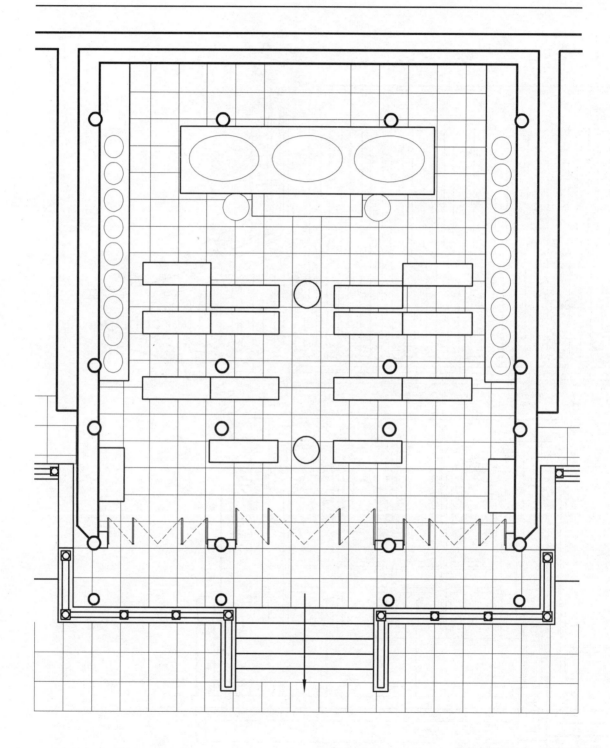

图 28 天后宫大雄宝殿平面测绘图

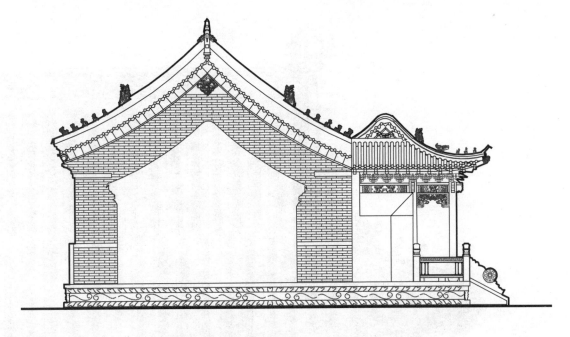

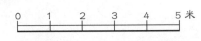

图 29 天后宫大雄宝殿侧立面测绘图

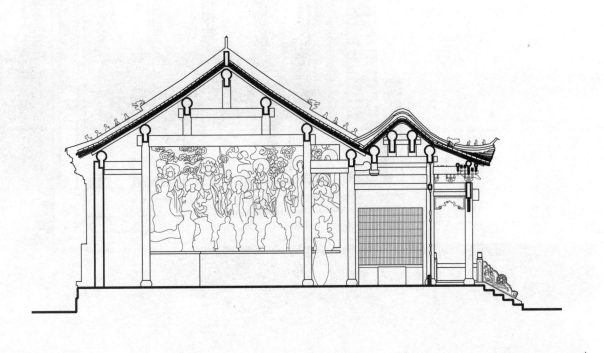

图 30 天后宫大雄宝殿剖面测绘图

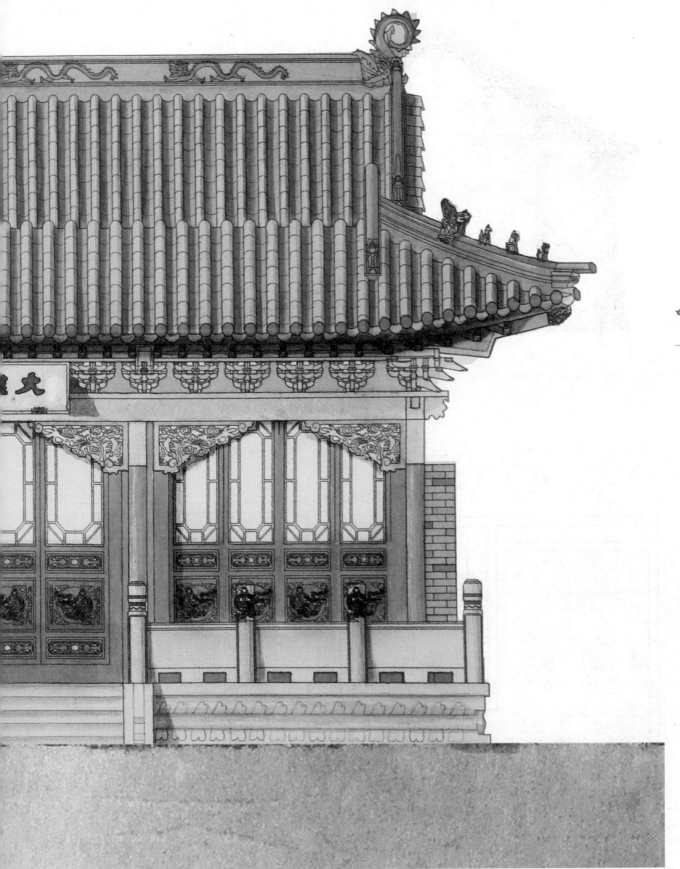

图 31 天后宫大雄宝殿南立面渲染图

图 32 天后宫大雄宝殿彩色渲染图

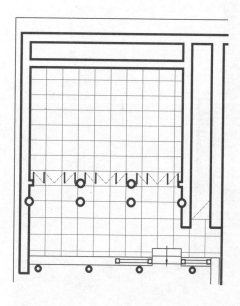

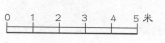

图 33 天后宫西方三圣殿平面测绘图

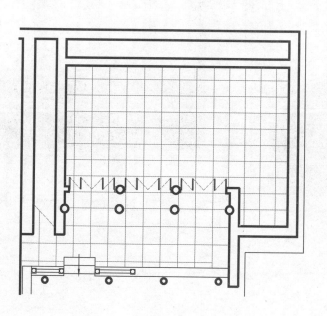

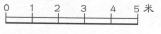

图 34 天后宫圆通宝殿平面测绘图

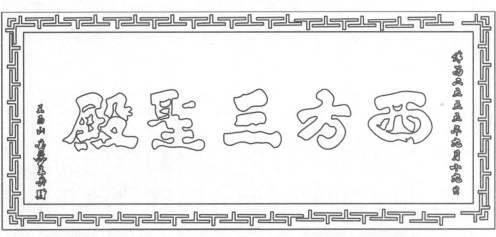

图35 天后宫西方三圣殿门匾测绘图

图36 天后宫圆通宝殿门匾测绘图

图37 天后宫西方三圣殿入口

图38 天后宫圆通宝殿入口

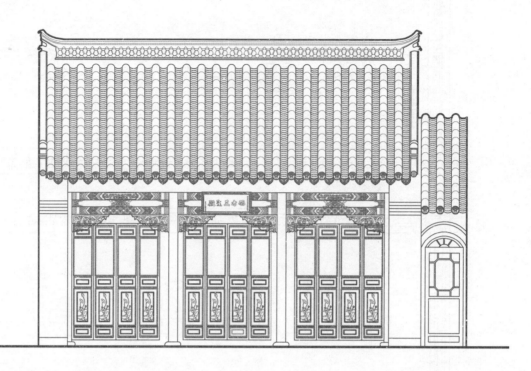

0 0.5 1 1.5 2 2.5 米

图 39 天后宫西方三圣殿南立面测绘图

图 40 天后宫游廊卷棚顶

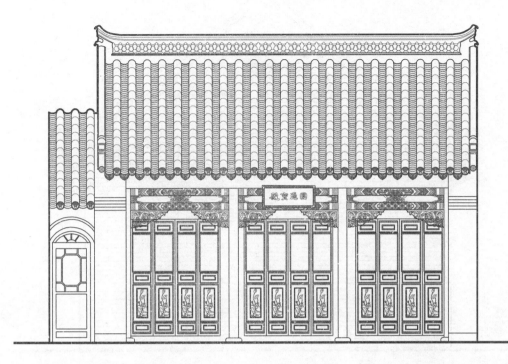

0　0.5　1　1.5　2　2.5 米

图 41　天后宫圆通宝殿南立面测绘图

图 42　天后宫游廊卷棚顶与大雄宝殿侧山墙交接

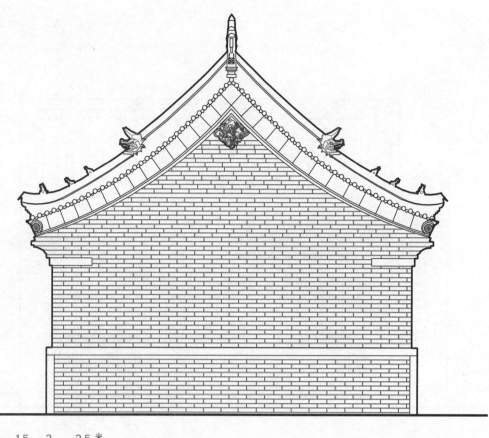

0 0.5   1   1.5   2   2.5 米

图 43 天后宫西方三圣殿侧立面测绘图

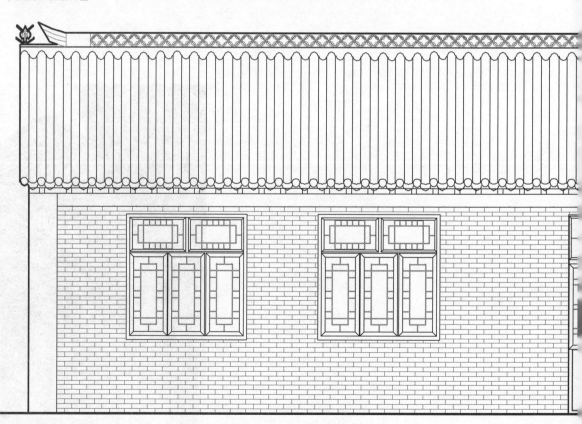

围合出的庭院，闭合露天，尺度宜人，随地势跌落，收放有序，形成庭院小气候的同时，也营造出独立清静的院落空间，配合庙宇建筑上的彩画、轴线上的巨大香炉、绿化景观，人们于飘渺的烟雾中可体会出佛家的出世情怀。从天后宫后院眺望客房和客房立面测绘见图44、图45。

图 44 从天后宫后院眺望客房

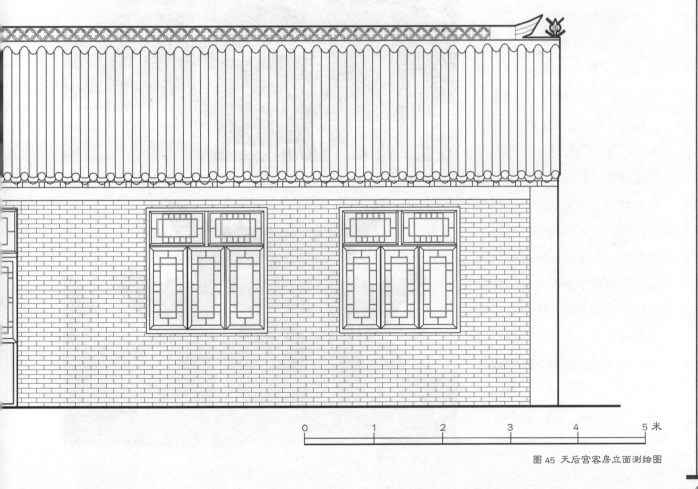

0　　1　　2　　3　　4　　5 米

图 45 天后宫客房立面测绘图

普化寺山门建于石台基上，为2006年普化寺重修时扩建而成，筒瓦重檐歇山顶（图46），飞檐翘角，斗拱精巧；山门檐下部分为花岗岩砌就，下开三门洞，正中大门朱漆铜钉铜兽头铺首，两侧门无门钉。檐下高悬一黑底金字匾额，上书"普化寺"三个苍劲俊逸的大字，乃赵朴初先生所题。两侧立柱上刻蟠龙浮雕，正中两柱上刻有一副楹联，上联"三空妙谛唯求养性修真"，下联"一片婆心但愿普度众生"，点明了普化寺僧众清修济世之愿。山门前出十级垂带式石阶，垂带石上有栏杆。山门的背立面可见四根蟠龙柱，门额上有"二龙戏珠"浮雕。

山门（图47～图49）形制很高，甚至超过主殿，雕工精细，彩绘华丽，看起来十分巍峨雄伟。但山门的建筑形式也存在一些问题。比如山门的屋顶形式规格过高，与山门的主体颇不协调，显得压抑沉重；门洞没有做成传统的方形或拱券，而是类似欧式门洞样式，从建筑学角度来看，普化寺的山门并不符合中国古建筑以及佛寺建筑的理念和规范。从天后宫后院眺望大雄宝殿见图50。

图46 天后宫山门重檐歇山顶

图47 从天后宫前院眺望山门

图48 从天后宫前广场眺望山门

图 49 从天后宫前院眺望山门艺术创作

图 50 从天后宫后院眺望大雄宝殿

大雄宝殿加建的卷棚顶

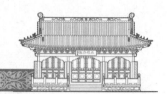

普化寺大雄宝殿屋顶原为硬山顶，2009年改扩建工程中，针对主殿空间不足的问题，向南扩建出一跨，西侧入口至院落的廊道上方加建出一个游廊，而这两部分的屋顶均设计为卷棚顶（图51～图53）。由于重修时请的是南方的工匠，所以加建的卷棚顶颇有南方古建筑的味道，比如飞檐翘角特别大，像南方的传统戏台一样，并非辽南的风格。而且这个卷棚跟北方的其实有明显的不同，就是卷棚的屋顶高度降得很低，第一眼看主殿，并不觉得很突兀，当看到测绘的侧立面的时候，发现两种风格的冲突比较明显。

图 51 天后宫连廊卷棚顶

图 52 天后宫大雄宝殿加建的卷棚顶

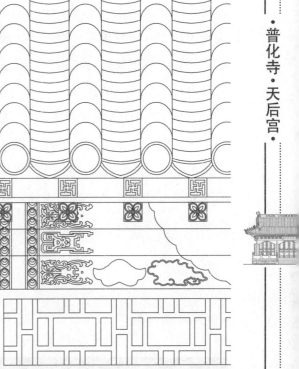

图 53 天后宫连廊卷棚顶测绘图

加建的卷棚顶，保留木作特征的同时，因为它上面没脊，与原有硬山顶（图53）自然融为一个整体，瓦作的样式颜色也很协调，很好地柔化和丰富了整个的屋顶形式。我们管这种整合方法叫"勾连搭"。就是两个或两个以上的屋顶前后檐相连，连成一个屋顶。在这种勾连搭屋顶中有两种最为典型："一殿一卷式勾连搭"和"带抱厦式勾连搭"。天后宫大雄宝殿殿内布置见图54、图55。

天后宫的大雄宝殿仅有两个顶形成勾连搭，而其中一个为带正脊的硬山悬山类，另一个为不带正脊的卷棚类（图56、图57），这样的勾连搭屋顶叫作"一殿一卷式勾连搭"，很多垂花门是这类的顶。

图 53 从天后宫大雄宝殿内看向硬山顶

图 54 天后宫大雄宝殿内布置之一

图 55 天后宫大雄宝殿内布置之二

图 56 天后宫大雄宝殿加建卷棚顶之一

图 57 天后宫大雄宝殿加建卷棚顶之二

普化寺各殿屋顶檐口处的筒瓦一端有一块雕有纹饰的圆形构件，这就是瓦当。它不仅能保护房屋椽子免受风雨侵蚀，还能起美化屋檐的装饰作用。大雄宝殿和其他各殿的瓦当上面均为兽面纹，只有生活区房屋的屋顶为小青瓦，故瓦当呈方弧形。

在两个瓦当之间，有一个近似三角形的构件，称为滴水（图58～图61），顾名思义其主要作用就是使屋面上的水从此处流下。大雄宝殿的滴水上雕有"寿"字纹。

瓦当和滴水的大小不过方寸，造型却如此丰富，用于檐口，不仅可以遮朽，而且具有很好的装饰效果，集实用、美观于一身，富有深刻的文化内涵。

图 58 天后宫大雄宝殿瓦当滴水

图 59 天后宫西方三圣殿瓦当滴水测绘图

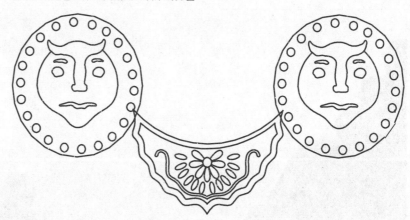

图 60 天后宫龙王殿瓦当滴水测绘图

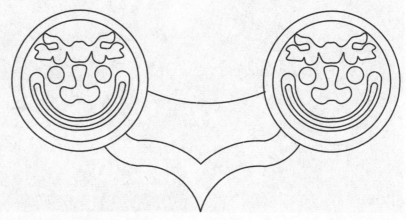

图 61 天后宫大雄宝殿瓦当滴水测绘图

普化寺的山门、大雄宝殿和正殿两侧的西方三圣殿、海神娘娘殿以及天王殿的屋脊均装有脊兽（图62～图65），数目不一。其中大雄宝殿原来硬山顶屋脊上有五个走兽，后增建的卷棚顶有三个走兽；其他各殿戗脊上的走兽多为三个，排列顺序各有不同，或为龙、凤、天马，或为狮子、獬豸、狻猊；垂脊的端部装有垂兽；正脊的两端各有一螭吻（图66）。普化寺正殿的螭吻式样比较小巧，尾部卷曲幅度较大，属典型关外古建筑特点。

图 62 天后宫龙王殿垂脊垂兽测绘图

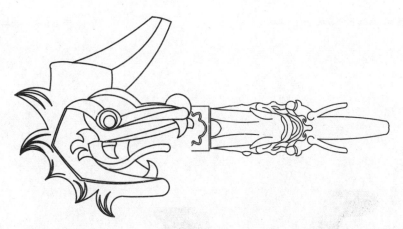

图 63 天后宫天王殿垂脊垂兽测绘图　　　图 64 天后宫龙王殿垂脊垂兽测绘图

图 65 天后宫大雄宝殿垂脊垂兽正立面测绘图　　图 66 天后宫大雄宝殿螭吻侧立面测绘图

一个个小兽造型生动、传神，端坐于屋顶、檐角，为灰墙青瓦增添了独特的美学趣味，使古建筑更具魅力。梁思成先生评价道："使本来极无趣笨拙的实际部分，成为整个建筑物美丽的冠冕。"天后宫脊兽见图67～图72。

图67 天后宫脊兽之一

图68 天后宫脊兽之二

图69 天后宫

图 70 天后宫脊兽之四

图 71 天后宫脊兽之五

图 72 天后宫大雄宝殿脊兽

天后宫屋顶铺装材料防水效果很好，瓦作（图73～图75）的制作十分精良。大雄宝殿正脊上刻有三组双龙戏珠浮雕。其他各殿正脊上饰有筒瓦扣合而成的传统套钱式花纹，正脊两端有花草形镂雕饰物。此外，天王殿正脊上亦有双龙戏珠浮雕，正中有"寿"字形宝顶饰物，整个屋脊装饰显得简洁朴素。

普化寺各殿的外墙，多体现为两侧的山墙和北墙，由当地的大块青石和青砖砌筑而成，厚重的石块形成了良好的保温效果，南向墙为木作形成，利于日照、通风，体现出辽南的气候特征。同时，由于石墙不参与结构承重，在顶部形成了装饰精美的交接处理。从天后宫后院远眺大雄宝殿见图76。

图73 天后宫天王殿屋脊瓦作测绘图

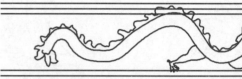

图74 天后宫大雄宝殿屋脊瓦作测绘图

图75 天后宫西方三圣殿瓦作

图 76 从天后宫后院远眺大雄宝殿

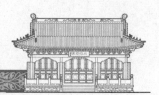

抬梁式木结构的殿堂

普化寺的建筑构成遵循中国传统抬梁式木构构法。以大木作为承重结构，木构的柱、梁、枋、檩、椽等构件，不仅形成了整体坚固的结构体系，而且体现出在中国古建筑中，结构体系也参与室内装修的特色，力与美并存。同时，小木作与大木作相配合，门窗、天花、隔断与柱、梁等连接密不可分，分隔、围合、美化空间的同时，也加强了建筑结构的整体性，形成建筑内外的表里如一，体现出辽南传统建筑的特色。普化寺不仅主体建筑富于传统中式特征，在很多细部构造上也有一定的体现。2009年扩建的主殿部分，榫卯节点做法尤为突出，斗拱、门窗连接紧密、精美。

位于檐下、柱顶和额枋之间有状似斗形交错叠制木构件，称为斗拱（图77～图79）。斗拱具有传递荷载、加大出檐深度的作用，在宫式建筑中，大式建筑可以用斗拱，也可不用，小式建筑不许用斗拱。

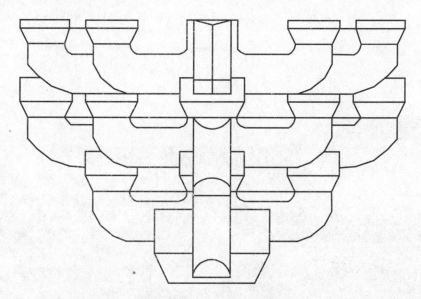

图 77 天后宫大雄宝殿斗拱正立面测绘图

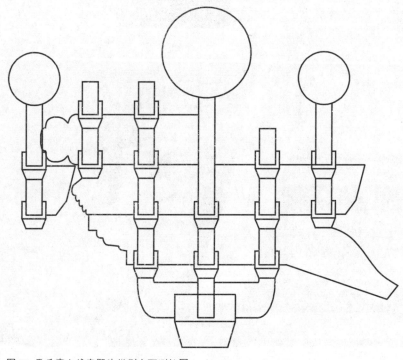

图 78 天后宫大雄宝殿斗拱侧立面测绘图

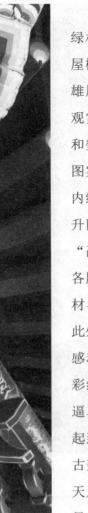

普化寺的斗拱硕大华美，蓝绿相间，配以金色边角，排列在屋檐下。做工精细，玲珑剔透，雄厚稳重，既有功能性，又具有观赏性。大雄宝殿的额枋上绘有和玺彩画中等级最高的金龙和玺，图案以各种姿态的龙为主。枋心内绘有金漆二龙戏珠，藻头内画升降龙，箍头内绘有"回"纹、"卍"字、联珠、方格锦。其他各殿的额枋多绘有苏式彩画，题材各异，有花草、山水、鸟兽，此外还有《二十四孝图》，如"孝感动天""戏彩娱亲"等。这些彩绘色彩斑斓，线条流畅，形态逼真，林林总总，在整体结构中起到了画龙点睛的作用，从而使古建筑有一种典雅辉煌的气势。天后宫龙王殿月牙枋测绘图及实景拍摄图见图 80～图 82，天后宫大雄宝殿额枋见图 83，天后宫天王殿额枋测绘图见图 84，天后宫西方三圣殿额枋测绘图见图 85。

图 79 天后宫大雄宝殿檐下斗拱

图 80 天后宫龙王殿月牙枋测绘图

图 81 天后宫大雄宝殿月牙枋

图 82 天后宫大雄宝殿月牙枋测绘图

图 83 天后宫大雄宝殿额枋

图 84 天后宫天王殿额枋测绘图

图 85 天后宫西方三圣殿额枋测绘图

在大雄宝殿正立面的柱枋之间，可见一精美的镂雕构件——雀替（图86～图91）。雀替是中国古建筑中最有特色的构件之一，其作用是缩短梁枋的净跨度，从而增强梁枋的承载力。后来雀替的装饰作用大大增加，皆精雕细琢，绚丽无比。雀替以玲珑精巧，题材多样，内容丰富，构图缜密，雕刻精美著称。大雄宝殿的雀替上为常见的龙踏祥云、鹤舞云霄镂雕，为大殿增色不少。

图 86 天后宫海神娘娘殿雀替

图 87 天后宫龙王殿雀替

图 88 天后宫大雄宝殿雀替

图 89 天后宫海神娘娘殿雀替测绘图

图 90 天后宫龙王殿雀替测绘图

图 91 天后宫大雄宝殿雀替测绘图

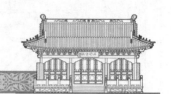

各殿前的五级垂带式石阶

大雄宝殿明间前出五级垂带式石阶（图92）。垂带踏跺主要由垂带石和踏跺组成。垂带石也可以称为"垂带"，指的是台阶踏跺的侧面随着阶梯坡度倾斜而下的部分，多由一块规整的表面光滑的长方形石板砌成，所以叫作垂带石。垂带石上有垂带栏杆，垂带栏杆与一般栏杆不同之处就是，其整体形象是随着垂带倾斜的，即其各个构件在横向上均与垂带平行。

普化寺各殿的正立面的廊柱下设鼓形柱础。柱础是柱子下面所安放的基石，用以承受屋柱压力，还能使柱子不受潮湿而腐烂，柱础虽小，但却是中国传统建筑所不可或缺的部分。

图92 天后宫龙王殿垂带式石阶

普化寺内台基走廊处，随处可见栏板（图93、图94）身影，均为石制，起到了丰富寺内景观的作用。大雄宝殿前的栏杆下有须弥座，须弥座的一角做成宝瓶状，望柱上或雕有莲瓣纹样或雕成狮子。寺内的栏杆皆为栏板栏杆，即整个栏杆只有望柱和望柱之间的栏板。栏板上一般雕刻各种图案，普化寺的栏杆栏板上多为莲花浮雕，线条流畅，花纹简洁。天后宫大雄宝殿卷棚一角见图95。

图 93 天后宫大雄宝殿石阶栏板侧立面测绘图

图 94 天后宫大雄宝殿栏板测绘图

图 95 天后宫大雄宝殿卷棚顶一角

隔扇门上的二龙嬉戏图

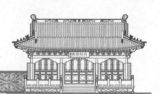

普化寺天后宫大雄宝殿和天后宫海神娘娘殿的隔扇门（图96～图99）都依照古法制作，图案精美，其中大雄宝殿，明间做四扇隔扇门，次间和梢间做四扇隔扇窗。门窗皆漆为红色，窗棂上以绿色木条拼成八角景样式。八角景窗，棂花中有八角形图案,不等边八角样式棂花，可以使房内得到较大的采光面积。"八"字有很多吉祥喜庆的内涵和寓意。八角景窗形成虚实对比，有良好的装饰效果。

隔扇门和隔扇窗的裙板上有金漆彩绘的二龙嬉戏图案，十分精美。整个门窗装饰唯一不符合古建筑门窗风格的是，隔扇门上的现代样式的金属把手。

图 96 天后宫海神娘娘殿隔扇门

图 97 天后宫大雄宝殿隔扇门

图 98 天后宫海神娘娘殿隔扇门测绘图

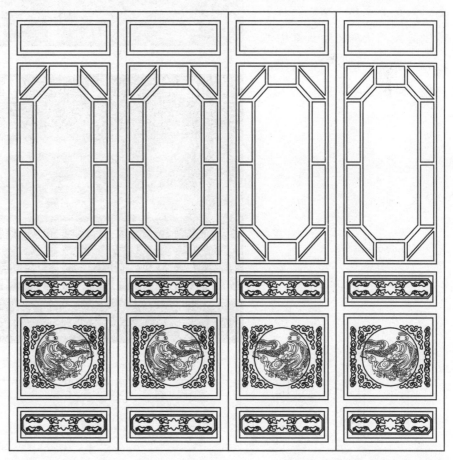

图 99 天后宫大雄宝殿隔扇门测绘图

美轮美奂的金龙和玺

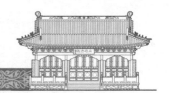

普化寺的外檐，也因为有了小木作而变得生动精致，且虚实、色彩等变化更为丰富。寺内的雕饰彩绘（图 100 ～图 109）体现在石、砖、木三种材料构件上，多为佛学文化题材。外饰不提，主殿新加建部分的内饰令人眼前一亮，不仅在门窗、天花上别具一格，而且主殿中陈设的佛雕、家具都由工匠精心雕琢而成，置身其中，美轮美奂，令人叹服。

图 100 天后宫大雄宝殿檐下彩绘

图 101 天后宫连廊额枋彩绘

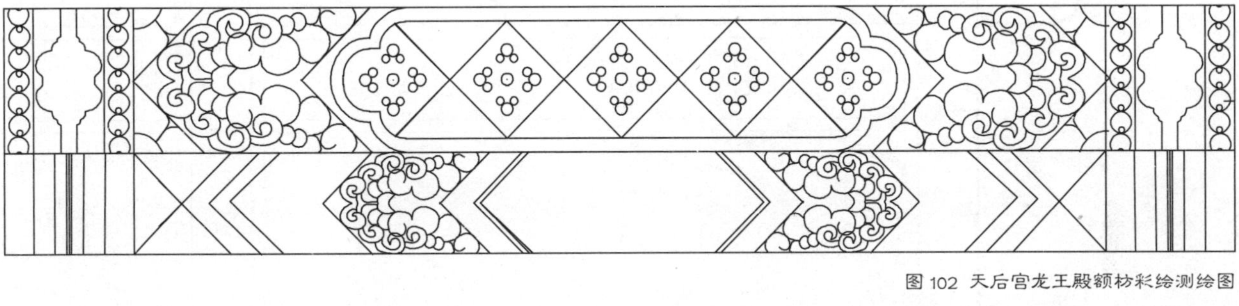

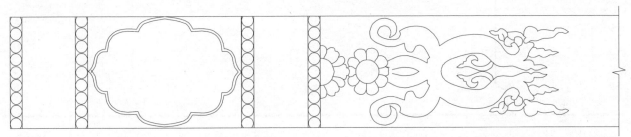

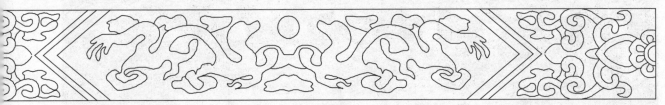

图 102 天后宫龙王殿额枋彩绘测绘图

图 103 天后宫海神娘娘殿额枋彩绘测绘图之一

图 104 天后宫海神娘娘殿额枋彩绘测绘图之二

图 105 天后宫海神娘娘殿额枋彩绘测绘图之三

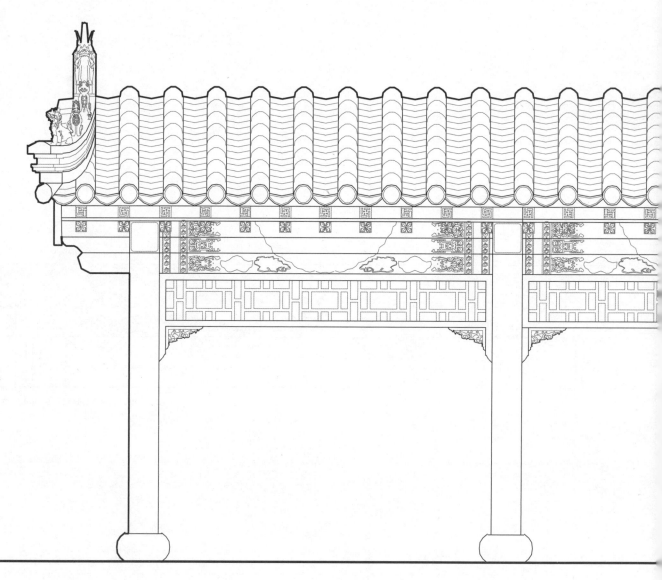

图 106 天后宫连廊正立面彩绘测绘图

图 107 天后宫连廊额枋彩绘

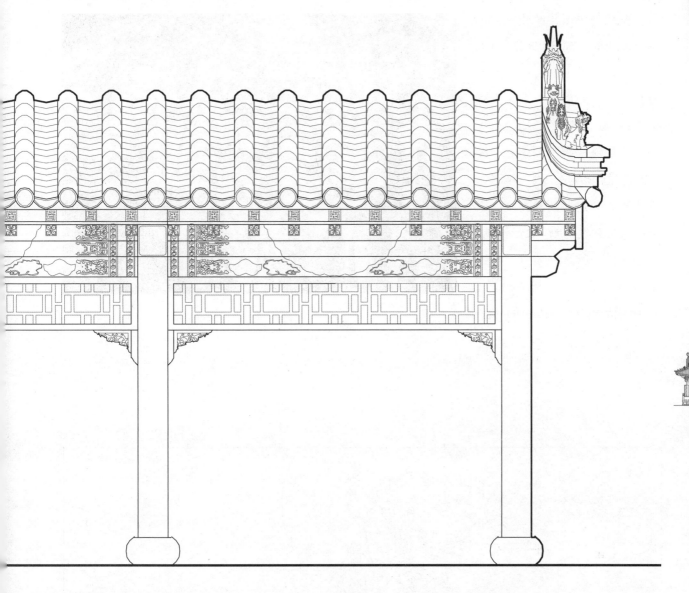

图 108 天后宫龙王殿额枋彩绘测绘图之一

图 109 天后宫龙王殿额枋彩绘测绘图之二

壁画是中国传统建筑装饰不可或缺的一部分。普化寺·天后宫下院的龙王殿、天王殿、海神娘娘殿的后墙，上院大雄宝殿檐下和内墙上，均绘有大幅中式传统壁画（图 110～图 112），色彩鲜艳，画工精湛，均达到了一定的艺术高度。画中的人物须发清晰，衣带飘飘，神态各异，颇具立体感，与大小木作相得益彰，营造出富 y 有中国特色的室内外空间。

图 110 天后宫壁画

图 111 天后宫天王殿北立面壁画测绘图之一

图 112 天后宫天王殿北立面壁画测绘图之二

　　大雄宝殿内供有一尊檀木佛像（图113），宝相庄严，令人望而心生虔敬；壁画下面为十八罗汉像，造型传神，栩栩如生，佛像和罗汉像与整个大殿格局相比较小，但做工极为精湛。殿内其他佛像见图114。

图 113 天后宫佛像之一

图 114 天后宫佛像之二

民国十年天后宫重修碑

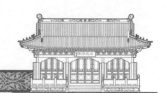

　　寺内大雄宝殿前方院落正中为一铜香炉（图115），炉身下部成三足鼎状，肩饰兽头，兽足为足；上部为重檐六角攒尖顶亭状。器形厚重大方，雕刻精致，形象威猛。

　　寺内前殿钟鼓楼之间有一双耳铜皮铸成的香炉（图116），炉身呈长方形四足鼎状，正中刻有"普化寺"三个字，兽头为足，炉上为一四角方亭。

　　普化寺的钟楼（图117）均为后建，位于第一进院落香炉两侧。重檐歇山顶四角亭，通体花岗岩所制，亭为方形，四根八角柱支撑，柱身刻有楹联，柱的下部为雕有莲花的柱础。正脊上有二龙戏珠浮雕，各檐角均有龙头石雕，并悬有铜铃。楼上的蓝色玻璃，严重破坏了钟鼓楼简洁古朴的风格和寺院清净庄严的整体氛围。大雄宝殿前石狮测绘图及实景图见图118、图119。

图 115　天后宫大雄宝殿前香炉测绘图

图 116　天后宫大雄宝殿前香炉

图 117 天后宫石作钟楼

图 118　天后宫大雄宝殿前石狮测绘图

图 119　天后宫大雄宝殿前石狮

该碑为民国十年天后宫重修碑（图120），汉白玉质，双龙戏珠透雕碑，碑文字体为楷书，阴刻由前清附生冷袖东撰书，碑阳为碑文正文，记载了天后宫创修过程，碑阴记载了为重修天后宫捐资的各家商号名称。从天后宫后院眺望天王殿见图121。

图120 天后宫后院重修石碑

图 121 从天后宫后院眺望天王殿

参考文献

[1] 大连百科全书编纂委员会 . 大连百科全书 [M] . 北京：中国大百科全书出版社 , 1999.

[2] 李允鉌 . 华夏意匠 [M] . 天津：天津大学出版社 , 2005.

[3] 赵广超 . 不只中国木建筑 [M] . 北京：生活 • 读书 • 新知三联书店 , 2006.

[4] 大连通史编纂委员会 . 大连通史——古代卷 [M] . 北京：人民出版社 , 2007.

[5] 陆元鼎 . 中国民居研究五十年 [J] . 建筑学报 , 2007, (11).

[6] 中国民族建筑研究会 . 中国民族建筑研究 [M] . 北京：中国建筑工业出版社 , 2008.

[7] 孙激扬，杲树 . 普兰店史话 [M] . 大连：大连海事大学出版社 , 2008.

[8] 李振远 . 大连文化解读 [M] . 大连：大连出版社 , 2009.

[9] 大连市文化广播影视局 . 大连文物要览 [M] . 大连：大连出版社 , 2009.

历史照片

取自《大连老建筑——凝固的记忆》

CAD 测绘

大连理工大学建筑系 06 级队

大连理工大学建筑系 07 级队

大连理工大学建筑系 09 级队

大连理工大学建筑系 10 级队

大连理工大学建筑系 11 级队

大连理工大学建筑系 12 级队

大连理工大学建筑系 13 级队

影像资料采集

大连风云建筑设计有限公司
大连兰亭聚文化传媒有限公司

后 记

在大家的共同的努力下，在众多有识之士的帮助与支持下，这套介绍大连古建筑的丛书终于出版了，需要感谢的人太多了！

我们要感谢齐康院士对本丛书提出的宝贵意见，并为本丛书欣然命笔写了序。我们要感谢普兰店市文体局张福君局长，连续几年的调研、测绘工作是在张局长帮助与支持下完成的。我们要感谢大连理工大学建筑与艺术学院建筑系06～13级的同学们，每当夏天就是我们共同在测绘现场的日子。我们要感谢兰亭聚文化传媒有限公司的陈煜董事长及其团队，他们无冬历夏反复的、精益求精的拍摄让我们感受到了专业团队的敬业精神。正是有这么多人，他们怀着对古建筑和传统文化探索的热情，有的默默工作，有的奔走呼号。他们的言行鞭策着我们，他们的言行更是我们的动力。

在大连这座曾经的殖民地城市做中国古建筑调研工作的选题其实是要点勇气的。其次，对这样一批分布较散的建筑进行调研、测绘等工作，其工作量之大我们也是预先估计不足的，有一些工作现场先后去了不下五六次。再者，参与策划、调研、咨询、测绘和摄影摄像等工作的人员众多，工作周期很长，需要克服的如时间、经费及工作环境与条件等因素也较多。个中的艰辛和劳心劳力就不必细说了，任务完成之余大家感慨万千，商量许久，共同留下了一些感想：

通过参与这几年对大连的这批古建筑的调研工作，具体的感触是让我们觉得古建筑的保护仍然是个十分严峻的课题。这10余处古建筑大多为省保单位，只有一两处为市保单位，甚至还有一处为国保单位。它们无论从保护的制度到措施一应俱全，因此还算基本保存完好，但也存在一些问题。然而调研的有些古建筑也是保护单位，并且本身也具备一些历史价值，但从保护的角度看却显得不如人意，故无法将其收录。有些古建筑已经无法无破坏性修缮，有的古建筑的原状已经被歪曲篡改，其艺术价值和工艺价值都大大降低。有些古建筑单位在修缮中任意扩大规模，甚至过度开发旅游，加建太多破坏了环境。有些在修缮中夸大古建筑原有的等级，建筑装饰与彩绘失去规制，建筑风格南辕北辙。我们调研的大多数修缮过的古建筑，基本上不采用传统工艺。只有真正达到保存原来的传统工艺技术，还需要保存其形制、结构与材料，才能达到保存古建筑的原状。修缮文物古建筑的基本原则是要用原有的技术、原有的工艺、原有的材料，这也是搞好文物古建筑修缮的根本保证。《中国文物古迹保护准则》第二十二条也规定："按照保护要求使用保护技术。独特的传统工艺技术必须保留。所有的新材料和新工艺都必须经过前期试验和研究，证明是有效的，对文物古迹是无害的，才可以使用。"在传统工艺方面我们做得太不够了。

我们还体会到，决不能抛弃民族传统，割断历史，因为中国古建筑与传统城市的艺术、功能和形式是经过了几千年的历史发展逐步形成的。对我国独特的传统文化的追求和继承，不应仅仅停留在形式剪辑的层面上，而应追求内涵和精神方面更深层面的表现，将现代要求、现代方法与传统的文化形态很好地结合起来，做到灵活运用，并抓住中国传统城市与古建筑文化的本质内涵。

并且我们理应肩负起中国传统建筑文化的现代化使命，去面对当今建筑文化全球化趋势的挑战。这就要求我们认识中国传统建筑文化的本质内涵，从哲学的深度来研究传统文化的起源、变化和发展，要求我们对传统文化的精髓有比较深刻的理解，认真从传统城市与古建筑的演变过程中，探索出继承、创新及发展的新思路。

胡文荟

2015 年 4 月